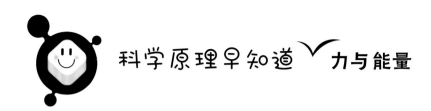

科学原理早知道 力与能量

工具是个大力士

[韩] 金亨根 文
[韩] 金素英 绘
罗兰 译

U0194385

化学工业出版社
·北京·

我收拾了背包和帐篷。

我准备了吃的东西。

"丽丽，我们去海边露营吧。"
"哇，太好啦！"
丽丽一家决定去海边露营。
在沙滩上搭起帐篷，晚上还能躺在帐篷里看着星星睡觉。
想到这些，丽丽就很激动。
爸爸妈妈还有妹妹都很开心，一家人开始收拾行李。

丽丽一家决定去海边露营。

1

"丽丽，你去仓库帮我把工具箱拿过来。"
爸爸说道。

"哇，工具箱里面有好多神奇的东西啊！"

工具箱里面有锤子、螺丝刀、螺丝钉、铁钉、钳子等各种各样的工具。

"爸爸，带这些工具做什么？"

"有了这些工具才能把帐篷搭起来，我们才能开开心心地露营啊！"

丽丽一家为了搭好帐篷准备了很多工具。

3

丽丽一家把行李装进汽车的后备厢。

但是汽车却有一点倾斜。

"亲爱的，汽车歪向一边了。"

"爸爸！汽车的轮胎被钉子扎了。"

丽丽找到了汽车歪向一边的原因。

"是吗？原来是这样啊！轮胎上破了洞，导致轮胎漏气了！"

丽丽家汽车的轮胎破了一个洞。

千斤顶能够将汽车抬起来，是一种用比较小的力就能把重物抬起来的工具。

将把手向下按，千斤顶上面的部分就会上升，然后把物体抬起来。

爸爸拿出充满气的新轮胎，
用工具把汽车的后面部分抬了起来。
"哇，爸爸的力气真大！这个是什么工具呀？"
"这个叫做'千斤顶'。
它利用了杠杆原理，不直接把物体抬起来，而是利用其他东西
做支撑。这样就算是很重的物体，也能轻松地抬起来。"
"所以抬汽车这种重的物体的时候，需要千斤顶，汽车行驶的
时候需要轮胎。"

杠杆是利用杆子将一个比较小的力转换成较大的力的一种装置。杠杆是把一个物体固定在杆子的一点上，这个点叫做支点。以支点为中心，一端用来抬起重的物体，对面一端要用力向下压。被抬起物体的点叫做作用点或者受力点，用力的地方叫做施力点。

受力点　支点　施力点

抬起重的物体时，用其他东西做支撑会更容易。这就是杠杆原理。

"爸爸，那轮子是怎样产生的呢？"

"也是为了搬运重的物体制造出来的。很久以前，人们发现，在移动很重的物体的时候，在物体下面铺圆形的物体，移动起来会更容易。

所以，最开始人们使用过木头。建造金字塔使用的石头就是这样搬运的。"

"所以由木头产生了轮子？"

"对。把木头切开做成轮子来使用，能够更容易搬运重的东西。"

把木头铺在下面滚动，能够搬运很重的东西。

把木头切开做成了轮子。

把铁包在木头轮子的周围，轮子就不容易被磨损。

在圆形的轮子中间放上木棍儿，这样轮子会更结实。

轮子最早出现在公元前3500年，是把木头切成圆形，在中间加上轴做成的。从那之后，出现了各种各样的木头轮子。

在移动重的物体的时候，在下面铺上圆形的物体会更容易移动。这就是轮子的原理。

9

"我们现在使用的轮子不是木头的吧？"

"哈哈哈……因为人们把不实用的东西变得更实用了，轮子也是一样的。

用木头做成的轮子很脆弱，装了重的行李就很容易坏掉。

所以人们就用铁来制作轮子。

现在的坦克、挖掘机，还有火车的轮子，都还是用铁做的。"

"在发现了橡胶之后，就产生了橡胶轮子吗？"

用铁做的轮子。

用橡胶做成的轮子。

"是啊。最开始轮子整体都是用橡胶制作的。但是现在我们使用的是充气的橡胶轮胎，这样就能够减少冲击。"

"所以现在我们乘坐着安装了橡胶轮胎的汽车去露营！"

挖掘机的轮子是用铁棍连接起来制作的。

火车的轮子是用铁制作的。

的橡胶轮胎。

轮子最开始是用木头制作的，后来为了使用便利，改为用铁或者橡胶制作。

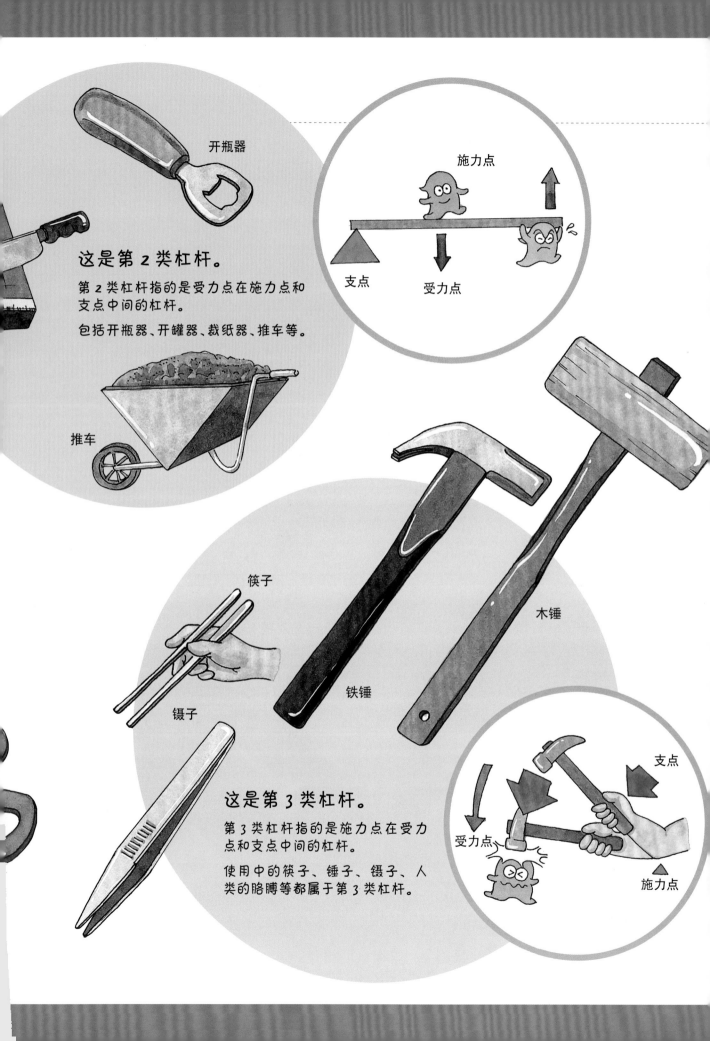

开瓶器

这是第 2 类杠杆。

第 2 类杠杆指的是受力点在施力点和支点中间的杠杆。

包括开瓶器、开罐器、裁纸器、推车等。

推车

施力点

支点

受力点

筷子

镊子

铁锤

木锤

这是第 3 类杠杆。

第 3 类杠杆指的是施力点在受力点和支点中间的杠杆。

使用中的筷子、锤子、镊子、人类的胳膊等都属于第 3 类杠杆。

支点

受力点

施力点

利用了杠杆原理的工具

杠杆并不是只能用来抬起重的物体。

有很多工具和机器都利用了杠杆原理。

根据位置的不同，杠杆分为支点、施力点和受力点

三个部分。

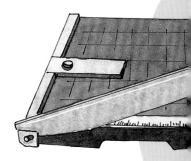

裁纸器

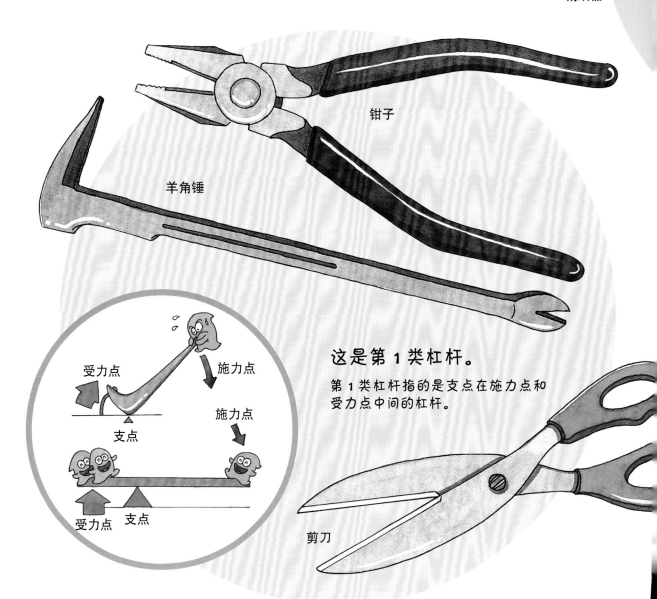

钳子

羊角锤

受力点

施力点

支点

施力点

受力点 支点

这是第 1 类杠杆。

第 1 类杠杆指的是支点在施力点和
受力点中间的杠杆。

剪刀

"打猎去山上，捕鱼去海里。"

一家人唱着歌去露营。

丽丽看到窗外正在盖楼。

"妈妈，那边的大机器是什么？"

"那个是起重机。起重机不仅利用了杠杆原理，还利用了滑轮原理；所以和只利用了杠杆原理的机器比起来，能抬起更重的东西。"

"那滑轮是怎么产生的呢？"

"滑轮是由周围有凹槽的轮子和绳子组成的。

把物体用绳子拉起来比直接把物体提起来更容易些。"

"滑轮也和杠杆一样，从很久以前就开始使用了吗？"

"当然了。我们的祖先在井口安装了滑轮，这样打水就很容易了。

古代建造宫殿的时候，就使用了利用滑轮原理制造的起重机。"

"哇，真厉害。我们现在也经常使用滑轮吗？"

"当然了。把旗子挂到高处、把家里的窗帘卷起来的时候，都使用了滑轮。"

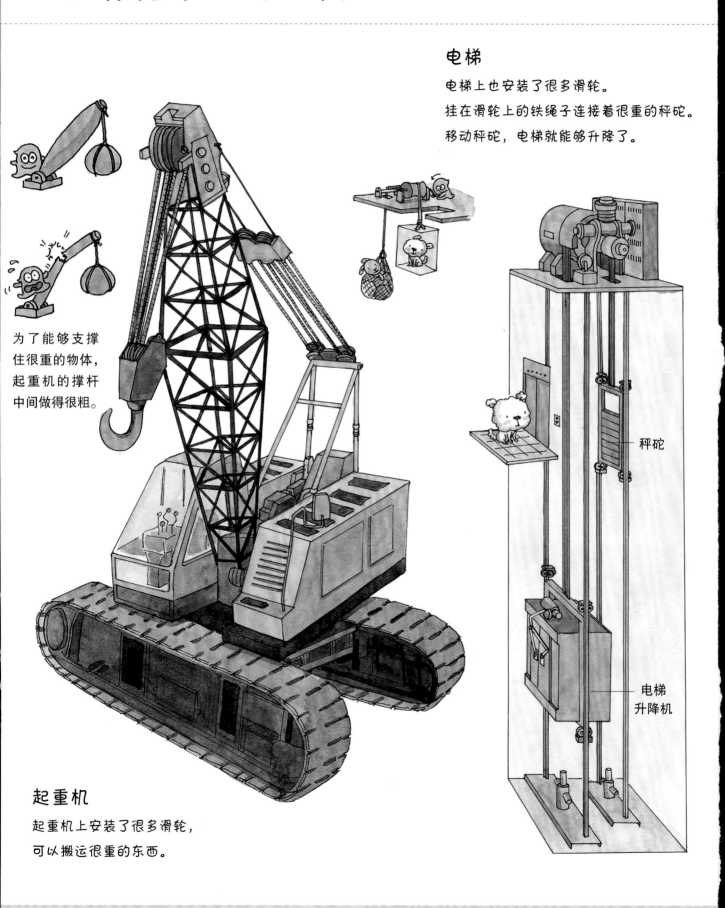

电梯

电梯上也安装了很多滑轮。

挂在滑轮上的铁绳子连接着很重的秤砣。

移动秤砣，电梯就能够升降了。

秤砣

电梯
升降机

为了能够支撑
住很重的物体，
起重机的撑杆
中间做得很粗。

起重机

起重机上安装了很多滑轮，

可以搬运很重的东西。

丽丽一家看到了挂着长绳的起重机。起重机可以提起很重的物体。

利用了斜面和轮子原理的工具

旅行箱

搬运沉重的旅行行李时，使用带有轮子的旅行箱就会很轻松。

购物车

在买东西的时候，如果使用购物车，就可以轻松地推动很多东西。

斜面

上楼的时候使用的台阶，就是利用斜面原理制作的。

如果不使用台阶，直接向上爬会很费力。

古代建造房屋的时候所使用的起重机。

把很多个滑轮连接起来，就能提起很重的石头。

通过滑轮，用绳子把物体拉起来比直接把物体提起来更容易。这就是滑轮原理。

"现在的滑轮也像轮子一样，变得比以前更便利了吗？"

"当然有变化。现在有很多种滑轮。

把滑轮固定住，用绳子拉物体的装置叫做定滑轮。

这个装置虽然比直接提起物体方便一些，但是使用的力是一样的。

所以人们后来又制造出了动滑轮。"

定滑轮

使用定滑轮可以改变力的方向，很方便。

但是与直接将物体提起来所使用的力是一样的。

把物体直接提起来需要很大的力。

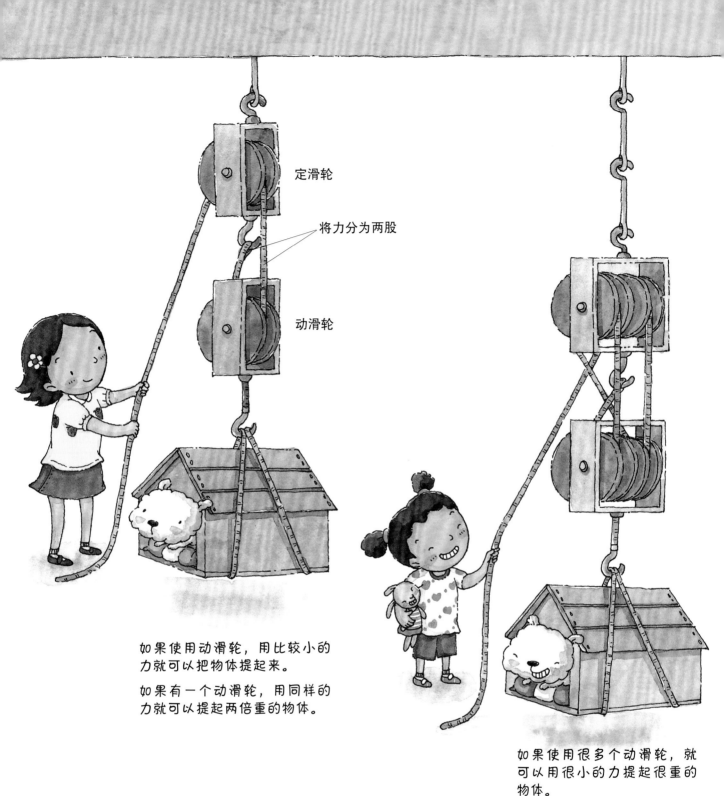

定滑轮

将力分为两股

动滑轮

如果使用动滑轮，用比较小的力就可以把物体提起来。

如果有一个动滑轮，用同样的力就可以提起两倍重的物体。

如果使用很多个动滑轮，就可以用很小的力提起很重的物体。

"动滑轮的轮子可以移动，力就会被分为两股。

这样只用一半的力就可以把物体提起来了。

同样的一个物体，就像是被两个人同时提起来一样。"

丽丽想起了挂在起重机上面的绳子，向车窗外看去。

滑轮也像轮子一样，人们制作出很多种使用起来更便利的滑轮。

在到达海边之前，汽车经过了一段弯弯曲曲的山路。

路的一边是悬崖，另一边是山坡，看上去很危险。

"爸爸，为什么这条路弯弯曲曲的呢？

直接上山好像更快一些……"

"这是因为从山脚下到山顶，汽车斜着开上去比直接
开上去更省力。

斜着的路面可以分担汽车的重量，

所以会更省力。这就叫做斜面原理。"

上山的时候，斜着的路比陡峭的路更省力。这就是斜面原理。 23

"还有什么东西也利用了斜面原理呢？"

"在给我们家小狗盖房子的时候，是不是使用了螺丝钉？
它也是利用了斜面原理。

钉普通铁钉的时候需要用很大的力气，但是如果使用带有斜纹的螺丝钉，
力就会分给斜面，这样用螺丝刀很容易就拧进去了。"

螺丝钉　　铁钉　　　斜面 →

"话说回来，妹妹玩的滑梯也是斜着的。"

"对，滑梯的斜面可以分担身体的压力，所以很容易滑下来，
也不会发生危险。"

一家人聊着天，不知不觉就到了海边。

丽丽一家开始搭帐篷。

把带圆环的长钉钉在地上用来固定帐篷，这样帐篷就不会飞走了。

爸爸用羊角锤把钉歪的钉子拔了出来。

"爸爸，羊角锤拔钉子也是利用了杠杆原理吗？"

"哇，丽丽真厉害呀！

在我们生活中，利用力学原理的地方有很多。"

丽丽一边享受着幸福的时光一边想着。

"我也要制造出让人类生活更加便利的东西！"

在我们周围，利用了力学原理的工具有很多。 27

折断牙签

用木头做成的牙签因为很细，所以很容易被折断。

任何人都可以用手指轻易地把它折断。

但是根据手指位置的不同，纤细的牙签也会有不能折断的情况。

现在就试试牙签魔术吧！

实验材料　牙签

实验方法

1. 将牙签放在中指的最上方关节处，用食指和无名指固定住。

2. 食指和无名指用力，试着折断牙签。折断了吗？

3. 这次将牙签放在中指的中间部位。

4. 用同样的方法用力，试着折断牙签。折断了吗？

实验结果

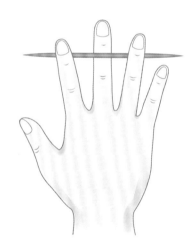

牙签放在手指的上方没有被折断。

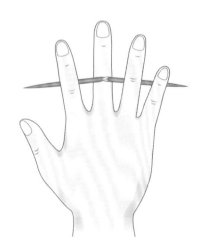

牙签放在手指中间位置，很容易就折断了。

为什么会这样呢？

手指也可以看作是一种杠杆。支点就是手掌与手指连接的部分。手指与牙签接触的地方就是作用点。

牙签放的位置越靠近手指末端，折断它就需要越大的力，所以牙签不容易被折断。

相反，越靠近手指内侧，牙签就越容易被折断。

力大无穷的大力士

在古代，人们没有机器可以使用。他们是怎样用巨大的石头建造城郭和坟墓的呢？
就算是大力士也不能抬起比自己体重重几十倍的物体。
这时，使用杠杆原理就能够把小的力转换成很大的力。
试着利用杠杆原理，用一根手指把木棍推倒吧！

实验材料　1米长的结实木棍

实验方法

1. 两个人抓着木棍的顶端，向着地面标记的位置用力向下按。
2. 在向下按木棍的瞬间，另一个人用一根手指轻轻地向旁边推木棍的底部。木棍是怎样运动的？

实验结果

　　很轻松就能把木棍推倒。

为什么会这样呢？

　　被两个人用力地向下按的木棍，很轻松就被推倒了。就好像一根手指的力量比两个人合力还要强。

　　实际上这是因为杠杆原理。两个人向下按木棍的力和手指推木棍的力都是独立作用的。像这样利用木棍将小的力转换成大的力的工具就叫做杠杆。

问题 有哪些东西利用了斜面原理？

斜面原理指的是上很高的山的时候，从倾斜的斜面上去比直线上去更省力。

上楼使用的台阶也利用了斜面原理。螺丝钉、水龙头、开塞钻等都利用了斜面原理。

砍木头用的斧头也利用了斜面原理。斧头的两边都有斜面，劈木头的时候很容易就能把木头劈成两半。

问题 汽车橡胶轮胎上为什么有花纹呢？

利用轮子可以轻松地搬运重的东西。把行李放在轮子上面推起来就很轻松。因为汽车的轮胎移动得很快，如果表面没有花纹就很难停下来。而且，上坡或者下坡的时候，如果轮胎打滑，就会有发生事故的危险。所以在轮胎上面会做一些花纹，这样就不会打滑了。

问题 在自行车的车轮里充气的原因是什么呢？

车轮是圆形的，所以很容易移动。如果用木头或者铁做轮子，与地面接触受到的冲击力会直接传到上面产生颠簸。如果用橡胶轮子，并在轮子里面充气，空气就可以吸收冲击力，我们就可以舒舒服服地骑自行车了。

问题 用杠杆可以把地球撬起来吗？

在弄清了杠杆原理后，阿基米德曾经说过：

"给我一个支点，我就能撬动地球。"

如果真的有足够长的棍子和支点，地球是可以被撬起来的。但是棍子要非常长，并且还要能够承受住地球的重量。所以，这是件不可能的事儿。

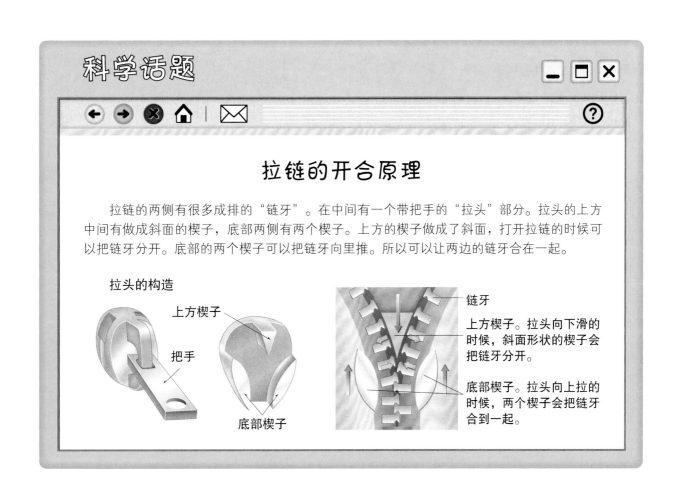

科学话题

拉链的开合原理

拉链的两侧有很多成排的"链牙"。在中间有一个带把手的"拉头"部分。拉头的上方中间有做成斜面的楔子，底部两侧有两个楔子。上方的楔子做成了斜面，打开拉链的时候可以把链牙分开。底部的两个楔子可以把链牙向里推。所以可以让两边的链牙合在一起。

拉头的构造

上方楔子

把手

底部楔子

链牙

上方楔子。拉头向下滑的时候，斜面形状的楔子会把链牙分开。

底部楔子。拉头向上拉的时候，两个楔子会把链牙合到一起。

这个一定要知道!

阅读题目，给正确的选项打√。

1 用木棍将巨大的石头抬起来。这个工具叫做什么？

- [ ] 滑轮
- [ ] 斜面
- [ ] 杠杆
- [ ] 轮子

2 选出没有使用滑轮的选项。

- [ ] 钉子钉在墙上
- [ ] 起重机把重的物体提起来
- [ ] 旗子挂在高处
- [ ] 从井里把水提上来

3 用锤子钉钉子的时候需要很大的力气。但是螺丝钉只需要很小的力气。这是什么原理呢？

- [ ] 滑轮原理
- [ ] 杠杆原理
- [ ] 斜面原理

4 需要把没钉好的钉子拔出来。要怎样做呢？

- [ ] 用手拔出来
- [ ] 使用利用了杠杆原理的羊角锤
- [ ] 用千斤顶抬起来

羊角锤
1. 杠杆/2. 钉子钉在墙上/3. 斜面原理/4. 使用利用了杠杆原理的

科学原理早知道　　力与能量

推荐人 朴承载 教授（首尔大学荣誉教授，教育与人力资源开发部 科学教育审议委员）
作为本书推荐人的朴承载教授，不仅是韩国科学教育界的泰斗级人物，创立了韩国科学教育学院，任职韩国科学教育组织联合会会长。还担任着韩国科学文化基金会主席研究委员、国际物理教育委员会（IUPAP-ICPE）委员、科学文化教育研究所所长等职务，是韩国儿童科学教育界的领军人物。

推荐人 大卫·汉克（Dr.David E.Hanke）教授（英国剑桥大学 教授）
大卫·汉克教授作为本书推荐人，在国际上被公认为是分子生物学领域的权威，并且是将生物、化学等基础科学提升至一个全新水平的科学家。近期积极参与了多个科学教育项目，如科学人才培养计划《科学进校园》等，并提出《科学原理早知道》的理论框架。

编审 李元根 博士（剑桥大学 理学博士 韩国科学传播研究所 所长）
李元根博士将科学与社会文化艺术相结合，开创了新型科学教育的先河。
参加过《好奇心天国》《李文世的科学园》《卡卡的奇妙科学世界》《电视科学频道》等节目的摄制活动，并在科技专栏连载过《李元根的科学咖啡馆》等文章。成立了首个科学剧团并参与了"LG科学馆"以及"首尔科学馆"的驻场演出。此外，还以儿童及一线教师为对象开展了《用魔法玩转科学实验》的教育活动。

文字 金亨根
在首尔教育大学科学教育专业毕业后，继续就读于延世大学教育研究生院物理教育专业，现担任首尔新溪小学的一线教师。同时在科学英才教育学院、发明教室、科学中心学校等机构担任讲师。并在多年间一直参加EBS科学节目录制，解决孩子们对科学的好奇心。致力于儿童科学教育，积极参与小学教师联合组织"小学科学信息中心""小学科学守护者"。曾编写《变变变，科学魔术》《神奇的科学工厂》《重量与杠杆的规则》《磁铁与磁场》《小学教科书中的实验与观察》等多本科学相关图书。

插图 金素英
毕业于东首尔大学广告设计专业，现在是一名自由插画家。致力于为儿童创作出优秀的作品。代表作品有《战争与和平》《史蒂文斯》《斯蒂芬霍金》等。

편리한 도구
Copyright © 2007 Wonderland Publishing Co.
All rights reserved.
Original Korean edition was published by Publications in 2000
Simplified Chinese Translation Copyright © 2022 by Chemical
Industry Press Co.,Ltd.
Chinese translation rights arranged with by Wonderland Publishing Co.
through AnyCraft-HUB Corp.,Seoul, Korea & Beijing Kareka
Consultation Center, Beijing, China.
本书中文简体字版由 Wonderland Publishing Co. 授权化学工业出版社独家发行。
未经许可，不得以任何方式复制或者抄袭本书中的任何部分，违者必究。

北京市版权局著作权合同版权登记号：01-2022-3378

图书在版编目（CIP）数据

工具是个大力士/(韩)金亨根文；(韩)金素英绘；罗兰译.—北京：化学工业出版社，2022.6
（科学原理早知道）
ISBN 978-7-122-41018-4

Ⅰ.①工… Ⅱ.①金…②金…③罗… Ⅲ.①物理学—儿童读物 Ⅳ.①04-49

中国版本图书馆CIP数据核字（2022）第047996号

责任编辑：张素芳
责任校对：王 静
封面设计：刘丽华
装帧设计：溢思视觉设计／程超

出版发行：化学工业出版社
　　　　　（北京市东城区青年湖南街13号 邮政编码100011）
印　装：北京华联印刷有限公司
889mm×1194mm　1/16　印张2¼　字数50千字
2023年1月北京第1版第1次印刷

购书咨询：010-64518888
售后服务：010-64518899
网　址：http://www.cip.com.cn
凡购买本书，如有缺损质量问题，本社销售中心负责调换。

定　价：25.00元　　　　　　版权所有　违者必究